CONFESSIONS GÉNÉRALES DES PRINCES DU SANG ROYAL, AUTEURS DE LA CABALE ARISTOCRATIQUE:

ITEM, de deux CATINS *distinguées qui ont le plus contribué à cette infernale Conspiration:*

PLUS, un Acte de repentir de Monseigneur DE JUIGNÉ, *Archevêque de Paris.*

COPIÉ littéralement sur les Manuscrits originaux de ces vils destructeurs de la Liberté, & donnés au Public par un homme qui s'en rit.

A ARISTOCRATIE;

Chez MAIN-MORTE, Imprimeur des Commandements secrets de S. A. R. Mgr. le Comte D'ARTOIS.

1789.

A V I S.

L'Editeur de cet Ouvrage a maintetenant ſous preſſe un Drame en cinq actes, & en proſe, ayant pour titre : la Conſpiration découverte, ou l'Ariſtocratiſme dévoilé : *ces différents faits mis en ſcènes, préſentent au Peuple un expoſé ſincere du caractere des perſonnages qu'il a mis en actions. Il oſe ſe flatter que la parfaite connoiſſance qu'il en a, fera rendre juſtice à ſon courage & à ſon amour pour la Liberté.*

Un ſeul mot pour commencer.

IL ne falloit pas moins que les grands événements arrivés en France, dans les courants de Juin, Juillet & Août de cette année 1789, pour donner un relief au bon homme Noſtradamus, dont les centuries commençoient à à tomber en diſcrédit. Il a prédit les affligeantes révolutions auxquelles ce Royaume ſi puiſſant a été en proie; & malgré ſa prédiction ſiniſtre, il n'a pu empêcher la Cabale formée par une troupe de Brigands deſpotiques, à ſe liguer enſemble, pour épargner un démenti à ce Prophete annuel.

Ce vieux Roquentin s'eſt expliqué bien confuſément ſur le ſort à venir des Ariſtocrates; mais les braves Pariſiens ont donné publiquement le mot de l'énigme, en exécutant les préliminaires d'une Tragédie qui ſemble préſager une mort infâme à tous les ennemis de l'Etat, ſans diſtinction de rang, de ſexe, ni de caractere.

Ils s'en ſont méfiés, les ſcélérats, & ils ſe ſont dérobés pour un temps à la vengeance publique: ils ont fui comme de vils aſſaſſins, au déſeſpoir d'avoir manqué leur coup, mais qui ſe promettent de revenir ſur leur pas conſommer leur exécrable forfait.

Leurs deſſeins avortés, la mâle & ſubite réſolution des Pariſiens, le courage incompréhenſible de la Garde Nationale, le châtiment des traîtres, tout devroit leur aſſurer la vérité de ce proverbe : *Qui compte ſans ſon Hôte, compte deux fois*, & leur inſpirer le deſſein de nous repréſenter leurs fronts humiliés, leur exiſtence abhorrée, & de ſe confier, ſans feinte ni trahiſon, à un Peuple qui réellement n'eſt pas ſanguinaire, qui a toujours révéré le ſang de ſes Maîtres, lors même qu'il avoit à s'en plaindre, & qui ne s'eſt armé qu'à regret pour recouvrer & défendre ſa liberté.

Ils en ont déjà donné quelques atteintes; mais bien fou qui s'y fiera. On ne renonce pas facilement au deſir de renouer une trame ſi bien ourdie; & j'ai toujours entendu dire à mon pere, habile politique, s'il en fut, que lorſque la ſoif de régner s'étoit une fois emparée de l'ame d'un Grand, la mort ſeule pouvoit lui en faire perdre l'idée. Pour prouver ſon aſſertion, il m'a cent fois cité l'exemple de Cromwel qui réuniſſoit à la férocité d'un tigre, toute la noirceur fanatique d'un *Archevêque* ; & chaque fois que j'ai comparé cet exécrable uſurpateur avec nos Princes criminels, je n'ai pu m'empêcher de frémir de retrouver en eux ſes déteſtables principes.

A l'exemple de l'abominable furie Ducheſſe de Polignac, qui ſans doute, ſe livrant à toute la viguenr de ſon tempéramment, dictoit tout, en exécutant quelque nouvel acte de lubricité, à ſon galant Palfrenier, l'Abbé de Vermond (1) le joyeux expoſé de ſes fredaines, donné au Public ſous le titre impoſant de confeſſion, & aſſaiſſonné des mots impoſteurs de remords & de repentir. Son lâche & cruel amant, le Comte d'Artois, voulut auſſi nous donner des détails ſur ſa vie privée, qu'il décora de la même épithete, mais où il regne un peu plus d'hypocriſie.

---

(1) C'eſt ainſi que cette Laïs appelloit l'Abbé de Vermond ; auſſi diſoit-il d'elle, ſur le ton de pair à compagnon : *je la bâte, la ſangle, & la monte.*

Si ces deux Associés unis par le vice & la barbarie, ont prétendu nous abuser par leurs perfides pasquinades, nous devons les assurer qu'ils se trompent, ainsi que ceux de leurs complices qui prennent aujourd'hui la même voie en abrégé.

Leur respectable chef non-seulement a donné l'exemple de ce subterfuge grossier, par l'impression de l'aveu de ses forfaits, mais encore par une lettre circulaire, écrite à chacun d'eux, dont nous allons donner la teneur.

J'ai déchiré le voile, imitez-moi.

» O vous, chers compagnons de malheur,
» qui souffrez avec moi toutes les vicissitudes
» de la fortune, daignez m'écouter, & ran-
» ger votre ame au parti dont je vous donne
» l'exemple ! C'est en vain que vous m'avez
» prêté votre secours, pour pouvoir régner
» sur de grands Singes & de petits hommes,
» de plats Courtisans, & presque tous des
» sots, le Ciel n'a pas permis que je recueille
» le fruit de ma folle ambition; il lui arrive
» parfois de protéger ceux qu'il sacre. Con-
» traints de fuir, la fausseté, la flatterie, tous
» les vices qui dégradent l'humanité ; & as-

» ſiégeoient le Palais de mon frere, ont » pris aſyle dans mon cœur fortement affecté » de ces divers poiſons. Je me ſuis réſigné à » un acte de juſtice & de religion. (1) Cet » acte a rétabli en quelque ſorte le calme » dont j'avois ceſſé de jouir. *J'ai déchiré le* » *voile, imitez-moi*; profitez de cette con-» ſolation ſpirituelle, confeſſez vos iniquités » comme j'ai confeſſé les miennes, & atten-» dons de la France Nationale une abſolution » dont nous nous ſerions paſſés de la part de » la France, courbés ſous le joug du deſpo-» tiſme «.

La motion de ce Chef de brigands conjurés, fut très-vivement applaudie de l'Aſſemblée deſtructive, & chacun de ſes Membres réſolut d'en faire ſon profit. Cependant, pour ne pas laſſer le Public bénévole, par des tiſſus affreux, qui, reproduits à ſes yeux, ſous des noms différents, détruiroient l'effet qu'ils oſoient encore en eſpérer, ils réſolurent unanimement de confondre ce qu'ils avoient

(1) Ce genre d'écrire, ſelon moi, pourroit être nommé ſtyle problématique de l'ariſtocratie, propre à ſurprendre le parfait Citoyen.

la bassesse de nommer des péccadilles & d'en former un ensemble capable de rétablir la confiance, en faisant croire à leur franchise.

C'est ce ramas impur d'atrocités, de crimes, de dissolutions, de libertinage, d'affreuses corruptions, d'actions perverses, & de trahison, que je me suis procuré avec le plus grand so n, que j'ose présenter à la Nation entiere, n'ayant pas d'autre hommage à lui offrir, & je puis en prouver toute l'utilité.

L'exécrable conspiration de ces traîtres abjects, ne doit leur laisser entrevoir que l'appareil affreux du plus infamant supplice; mais les ames sensibles, effrayées des flots de sang qu'ils ont déjà vu couler à leurs yeux, pourroient se fatiguer de ces exécutions nécessaires: & pour en arrêter le cours, rechercher avec soin quelques moyens de justification, pour dérober à la mort les moins coupables de ces Conspirateurs.

Or voici l'utilité de cette sincere production; elle convaincra la trop foible humanité, que le seul & moindre de ces monstres est un objet d'exécration, dont le châtiment arrache une tête à cette hydre soufflant le poison, aussi dangereuse que celle du marais de

Lerne, qui, comme cette vile engeance, ſe reproduiſoit à l'infini.

Je ſupplie toutes les perſonnes entre les mains deſquelles tombera cette inique confeſſion, de ne la point révoquer en doute. Chaque article a ſon original, conſenti & ſigné de la main de celui qui en a fait l'aveu. Comment n'y pas croire ? *Habemus confitentem reum.*

Il faut donc me diſpoſer à rougir au moins une fois dans ma vie, s'écria le Prince de Conti, en pouſſant un ſoupir de douleur & de rage. Quoique cet effort pénible coûte à mon cœur, il faut bien me ſoumettre à la plus dure des loix, la néceſſité. Allons.

Je ſuis un monſtre, toute la France en eſt maintenant convaincue; un ſeul inſtant m'a acquis ce titre que j'avois démenti par un nombre d'années conſidérable de ſcélérateſſe que j'ai toujours ſçu couvrir du voile épais de l'hypocriſie la plus raffinée.

O mon Pere, combien de fois ne m'avez-vous pas prédit le ſort cruel que j'éprouve en ce jour ! En ſecret j'oſai vous outrager; je plongeai le poignard dans le ſein de la plus tendre des épouſes, & de la plus vertueuſe des meres. Vous m'appellâtes, en ce temps, fils ingrat, mauvais mari, & vous me ſoupçonnâtes d'être un jour un lâche citoyen; vos preſſentiments ſont accomplis. Oui, j'ai trahi mon Roi, ma patrie, & j'ai vendu mon ſuffrage à l'ambitieux qui vouloit devenir l'uſurpateur d'un Monarque vertueux & ſenſible. Que dis je mon ſuffrage ? J'ai coopéré à toutes ſes actions, ſervi ſes manœuvres, & je me repaiſſois d'avance du ſpectacle horrible d'une Nation enſevelie ſous ſes propres ruines.

Qui jamais auroit pu s'attendre à ce trait de ma part, moi dont les premieres années annonçoient à la France que je ſerois un des plus beaux fleurons de ſa Couronne ? Illuſion trop tôt détruite, combien de temps vous m'avez ſervi ! Dans l'intérieur des temples de la volupté, je nageois dans une mer de délices. Au ſein de la Capitale, humble, charitable, dehors ſimples, populaires & affables, la vénération publique ſuivoit mes pas. Pauvre Peuple, rougis de ta crédulité; c'eſt ainſi que le Grand t'abuſe.

Très-chere d'Aigremont que d'encens j'ai brûlé ſur tes Autels ; c'eſt de tes pétulentes leçons dont j'ai ſi bien profité que je tiens les préceptes de la lubricité ! ta gorge ferme & rebondie, tes contours charmants & gracieux, ta taille ſvelte & élégante, ce Sanctuaire ou tant de fois j'ai pénétré triomphant, levant fierement la tête en conquérant glorieux tout en toi m'enchantoit, tu excites cependant le remords dans mon ame ; mais qu'il ne bleſſe pas ta rigide délicateſſe, mon ſeul regret, c'eſt de t'avoir trop payée.

Sainte Foix, d'Argenville, Monaco & vous auſſi chaſte Ducheſſe de Polignac, vous reçûtes tous mes hommages, par reconnoiſſance raſſurez ma conſcience timorée, vous en êtes-vous repenties ? Non. N'eſt-il pas vrai ? Heureux ſi votre nombre eût ſatisfait mes ſens ; mais j'ai joint aux proſtituées de la Cour les plus viles créatures de la Capitale.

Après toutes ces bagatelles, je penſai à mon rang, & je me dis que ces paſſions frivoles ne ſatisfaiſoient pas ſon orgueil ; il me reſtoit à ſacrifier à l'ambition. Ce n'étoit pas aſſez pour moi d'être *Conti*, chéri, honoré, l'orage ſe formoit un parti puiſſant, s'emparoit de la Monarchie, la cabale me tendit les bras ; je me jettai à corps perdu dans ſon ſein.

Avec quel ſentiment de rage n'ai-je pas appris la perte de mes armes & de mes munitions ; cette réſerve de canons deſtinée à foudroyer les Pariſiens, leur ſert donc aujourd'hui à aſſurer le ſuccès de leur noble entrepriſe, imbécilles que nous ſommes, nous leur avons donné des verges pour nous fouetter.

La canaille diſtinguée eſt actuellement baſfouée par la canaille populaire. Juſte retour des choſes de ce monde ; il faut en convenir, nous l'avons bien mérité ; il eſt affreux d'être obligé d'en paſſer par-là, mais que faire ? Il vaut encore mieux fléchir que de rompre ; quelques années de honte ſeront bientôt écoulées, & je préfére l'évanouiſſement de mes titres & de ma grandeur à l'infâmie d'aller parer l'illuſtre gibet *du coin du Roi*, étranglé par le glorieux licol (1) qui m'a été paſſé au berceau, que j'ai toujours porté avec orgueil, qui. ſeul me rendoit différent d'un autre & m'attiroit les reſpects des ſots.

Nous n'avons pû réaliſer les forfaits exécrables dont nous avions conçu l'idée, errant,

---

(1) Combien d'autres le portent & qui ne s'en rendent pas plus dignes ?

proſcrits, quelle eſt la ſeule reſſource qui ſoit en notre puiſſance, celle des lâches. Je m'empreſſe d'en profiter. Je me proſterne aux pieds de la Nation pour lui demander humblement pardon de n'avoir pas été totalement ſon deſtructeur. Puiſſe le remords forcé qui tourmente mon cœur, me rendre digne de la grace que je ſollicite. Ce ſont les ſentiments ſinceres de LOUIS-FRANÇOIS-JOSEPH, Prince de Conti.

Au bout du foſſé la culbute.

En voilà une bien conditionnée, dit à ſon tour la Princeſſe de Monaco, taillant ſa plume pour tracer ſa Confeſſion. Quoi, pour rentrer en graces avec ce Peuple que je déteſte, il faut lui dévoiler les ſecrets de ma vie. Quelle fâcheuſe extrémité ! Eh ! de quoi, diable, puis-je l'entretenir ; ſinon de ce qu'il ſçait à quelques particulalités près. Je céde, puiſqu'il le faut à cette dure circonſtance ; & je me confeſſe au tiers & *au quart*. Je ſuis attachée à la cabale, j'en conviens ; mais eſt-ce ma faute ? Sans ce flandrin de Prince d'Hénin, qui m'a corrompue ; je n'euſſe jamais pris parti dans cette ligue infernale, le diable l'a voulu, & la choſe eſt faite.

Je proteste donc contre cette liaison que je n'ai formée qu'accidentellement, & pour diminuer en quelque sorte son énormité, je vais remonter à sa cause primitive.

Je suis née, je ne sçais sous quelle planette, mais si je consulte la force de mon tempéramment, mon amour pour le plaisir de tous les genres, la singularité de ma construction, tout me porte à croire que Vénus à présidé à ma naissance, & qu'à cette époque la galante Déesse me combla de ses dons les plus précieux. Avant d'entrer dans des détails sur mes orgies libidineuses ; je dois une confidence au Public que je n'ai faite encore qu'à ceux & celles que j'ai associé aux actes de mon affreux libertinage. *A ceux & celles ;* m'allez-vous dire, étonnés de cette abominable mélange? Oui, ceux & celles ; mais je suis en quelque sorte excusable, puisque la chose est naturelle, & que, quoi qu'en apparence aussi déréglée que cette gueuse de Duchesse de Polignac, c'est dans ma construction que je puise mes moyens de justification.

Par-tout nommée Princesse, ce titre semble annoncer mon sexe, & c'est ainsi que la multitude est souvent abusée. Je ne suis ni femme ni homme, & je ſuis à la fois l'un & l'autre; voilà tout le myſtere. Suis-je donc criminelle d'avoir écouté la voix de la nature & de m'être alternativement ſervi de la cheville ouvriere qui diſtingue le ſexe maſculin d'avec le féminin, & du charmant canal des graces, puiſque je poſſéde en même-temps ces deux organes du plaiſir ?

Tantôt ſacrificateur ardent, je jouiſſois de cette ſenſation voluptueuſe en exploitant les jeunes filles que j'emmenois à ſe réſoudre à ſatisfaire mes brutals deſirs; femmes de chambres, jeunes villageoiſes dans mes terres, tout ce que je rencontrois devenoit la proie de mes careſſes, & ſouvent les bras robuſtes de mes laquais ont enchaîné la réſiſtance de celles qui faiſoient les difficiles. De tels ſervices de leur part valoient bien récompenſe. Je l'offrois ſur champ, & redevenue femme, je couchois la victime ſur le même autel, & mon cocher, mon poſtillon, mon coureur & mes trois laquais s'en donnoient à cœur joie en feſtoyant mes molaſſes appas.

Une auſſi biſarre conſtruction & l'uſage que j'en faiſois firent jaſer en peu de temps la renommée, & exciterent l'émulation des curieux Amateurs. Le Marquis de Vilette fut un des plus empressés, la réputation distinguée de cet enfant de Sodome (1) parvint à mes oreilles; j'écoutai favorablement sa proposisition, & conclus avec lui le plus plaisant Traité.

CONDITIONS auxquelles je consens à passer une nuit avec M. le Marquis de Villete.

ARTICLE PREMIER.

M. le Marquis de Vilette n'ignore pas plus que je suis androgine, que je n'ignore qu'il est un B..... décidé; il faudra donc après vérification faite de mes deux sexes qu'il se soumette à en faire la double épreuve, & qu'à son tour, il soit aussi le patient.

ART. II.

Je suis singuliérement reconnoissante: or, comme en vertu de ce premier article, M. de

(1) *Note de l'Editeur.* Vous connoissez le Marquis de Vilette, ce versificateur aimable, ce prosélite de Socrate, cet ami intime de Monvel Bardache, chassé du Théatre Français & Végétant actuellement aux variétés. Ce corrupteur de jeunesse, cette peste publique est réuni à la bande aristocratique.

Vilette

Vilette, ne jouiroit qu'à demi; je me résigne à lui présenter mon postérieur, pour se livrer à son penchant favori.

ART. III.

Quoi qu'une nuit soit bientôt passée, M. de Vilette, s'en tiendra à la seule que je lui destine. Je tiens beaucoup à la quantité, & je ne crois pas que la durée de la vie soit assez longue pour satisfaire ses sens pleinement en accordant plus d'une nuit à chaque individu que nous gratifions de nos caresses. En fait de lubricité, je dis avec le bon Lafontaine. *Diversité, c'est ma devise.*

ART. IV.

Monsieur le Marquis de Vilette s'engagera en outre à me produire tous les gitons de sa connoissance, afin de m'en servir successivement, comme de mon côté, je promets de lui adresser tous les beaux garçons dont j'aurai reçu les prémices & dont le lendemain je ne me soucierai plus.

Cet accord mutuellement signé, nous procédâme fidelement à son exécution. Oh nuit, charmante nuit! nous ne profitâmes pas de ton obſcurité. A la lueur de mille bougies, nous ſcellâmes nos tranſports avec la plus grande ivreſſe, tour à tour Hebé, Ganimède ; je raviſſois le cher Marquis qui ſe prêtoit à mes voluptueux caprices, avec toute la complaiſance *d'Alcibiade*.

Oh France, que je regrette t'on ſéjour enchanteur, je languis, je me conſume dans la privation des jouiſſances que j'ai trouvées dans ton ſein ; que ne me rejoignez-vous, mon cher Archevêque de Sens, vous dont les talents agréables ont tant de fois calmé l'ardeur de mon tempéramment ; le déſeſpoir m'accable, & tout me dit que j'y ſuccomberai ſi je n'ai le prompt ſecours de vos doigts bénis.

Abbés, Robins, Prélats, Militaires, Marquiſe, Ducheſſes, Actrices, Valets, Soubrettes, Moines, & juſqu'au rebut de la plus vile populace, j'ai tout fait ſervir à mes exécrables amuſements. Je ne ſçavois plus où en chercher de nouveaux, lorſque mon étoile maudite m'aproxima de ce ſcélérat d'Henin. Pouvoit-il m'arriver un plus grand malheur ? Il ne m'importoit guerres de le connoître Fourbe, ſans délicateſſe, ſans mœurs, traître, parjure,

& souillé de tous les vices. Je le croyois un homme, & le gredin n'en a que l'apparence. Pour comble d'infortune, je vis déserter mes drapeaux du moment de mon union avec ce misérable, j'en avois la rage dans le cœur, & je crus ne pouvoir mieux me venger du mépris que j'inspirois, qu'en partageant la fureur attroce des ennemis de l'Etat, & des féroces Conspirateurs auxquels je me livrai en consacrant à leurs criminels projets tous mes soins & mon adresse.

Je lus, avec la plus grande attention, le noir plan de cette affreuse conjuration, que je tenois copié de la main du Comte d'Artois. Que je le trouvai beau. Des freres égorgés, un trône usurpé, une Reine Poligame, une Ville réduite en cendres, des Citoyens massacrés ou courbés sous le joug du despotisme & de la tirannie, des fleuves de sang dans lesquels nous aurions pu nous baigner à loisir; quel spectacle enchauteur pour une Megere! j'en savourois tous les délices. Hélas! ce n'étoit qu'un beau songe! Quel réveil humiliant! & quel en sera la suite?

Voilà mes crimes, ô Français, le repentir n'a pas dicté cet abominable aveu, la force de la vérité seule a pu me contraindre à dévoiler mon cœur, votre haine est légitime; car je sens que je vous abhorre, ô douce réciprocité. Si d'une main sûre je pouvois porter le fer & la flâme dans votre Capitale, j'irois à l'instant y braver les supplices qui m'y attendent; je tendrois, sans frémir, ma gorge au fer des bourreaux. Les plus affreux blasphêmes, les plus noires imprécations, vous adresseroient les derniers vœux de

La Princesse DE MONACO.

Comment diable faire ?

Que n'êtes vous encore en ma puissance, formidable, amas de canons que j'avois si précieusement recueillis dans mon Château de Chantilli, que n'avez-vous servi à l'exécution de nos desseins; je ne rougirois pas en ce moment, d'être réduit à la triste nécessité de promener en criminel errant & vagabond, l'inutile existence d'un lâche Prince justement chassé de ses foyers.

Les armes de Condé sont dans les mains du Peuple. Quel Dieu l'a donc pu protéger ? il n'en faut pas douter, c'est celui de la liberté. Notre eſpoir eſt détruit ; proſcrits condamnés, l'échafaud nous attend, & nos têtes ſanglantes sont deſtinées à completter le triomphe des Pariſiens.

Tel eſt donc le fruit qu'on doit attendre d'une fureur barbare & meurtriere, égarés par cette aveugle paſſion ; nous nous y ſommes livrés en imprudents, nous nous ſommes perdus nous mêmes, & des chants d'allégreſſe ont remplacé les funeſtes cris de mort que nous voulions faire pouſſer. Fatal enchaînement des plus cruelles circonſtances ; qui jamais t'auroit pu prévoir ? raiſon, tu rentres dans mon cœur & tu déſilles mes yeux. Non, je ne ſuis plus Condé, ce Prince fourbe, artificieux, méchant, traître & ſanguinaire ; je ſuis un homme rendu aux loix de l'humanité, (1) & qui déteſte ſes égarements.

Recevez, Français, l'expreſſion ſincere de mon repentir, ce n'eſt point pour mendier baſſement la vie, que je me proſterne à vos

(1) N'y croyez pas, mes Concitoyens, plus de confiance en ces brigands, & ſur-tout aux grands ; proſcrivez ces monſtres ſans pitié, ils ſeroient toujours vos tyrans & vos bourreaux.

genoux. Je ſuis indigne de cette grace, & ce bienfait de votre part feroit pour moi le plus cruel ſupplice ; je ſuis rongé par des remords que la mort ſeule peut éteindre. O mon fils, ô Bourbon, je ſuis l'auteur de vos égarements & de votre déteſtable conduite ; j'ai nourri, dans votre cœur, la baſſeſſe & l'infamie qui régnoient dans le mien. Vous êtes un monſtre, & c'eſt mon ouvrage.

La foibleſſe ma conduit dans le gouffre où je ſuis plongé. Complaiſant, empreſſé à prévenir les deſirs d'une Reine orgueilleuſe & vindicative, j'ai ſecondé ſes deſſeins criminels & ambitieux. Applaudiſſant ſa diſſolution, la contagion de l'exemple me ſéduiſit & m'entraîna. Quel affreux tableau ! qu'il m'inſpire d'horreur, & comment ai-je pu me réſoudre à ſuivre ce torrent fangeux ?

Un Monarque plongé dans la ſécurité, ſe livroit à la fauſſe idée d'un Peuple heureux.

Une Reine enſévelie dans la bourbe du plus ſale déſordre, inſenſible à la pitié, rejette inhumainement les cris de la douleur & la voix de la nature.

Une Famille Royale dont la naiſſance équivoque inſpire l'horreur à la Nation qu'elle doit un jour régir.

Un Prince insouciant n'ose se déclarer ni l'ami du Peuple ni celui de la liberté, & reste *béat* au milieu des troubles & de la calamité.

Son frere, abîmé de dettes, perdu de débauches, associe son illustre belle-sœur à ses révoltants excès; il acheve d'éteindre en elle le reste du sentiment, ils pillent ensemble le trésor public & les deniers des Citoyens, volés par leurs coupables manœuvres, (1) sont dispersés de toutes parts. Le désordre augmente, il devient irremédiable, il ne reste plus que le parti du crime, & ce couple exécrable fait sur l'autel de la vengeance, l'horrible serment de le consommer,

Les victimes sont désignées, déjà elles sont épuisées par la famine; mais leur entiere destruction manque à leur fureur, on s'y prépare.

Une cohorte d'infâmes Mininistres s'em-

---

(1) Peut-on, sans horreur, retracer l'infame moyen que d'Artois & Marie-Antoinette mirent en usage pour extorquer des *bons* au Roi, & pour engager le coquin de Ministre Calonne à se désaisir des deniers de la Nation. O races futures, le pourrez vous croire? C'est une Reine, un frere de Roi qui s'abreuvent ainsi du plus pur de votre sang.

parent du Trône & y captive un Roi tendre & vertueux, entretient son illusion & le pousse à disgracier le seul honnête homme (1) qui pouvoit faire luire à ses yeux le flambeau de la vérité. (2)

Un hipocrite de Breteuil, un lâche de Barentin, un Broglie, vrai suppôt de l'empire infernal, Villedeuil, Berthier, Foulon; voilà les monstres qui dirigent cette effrayante entreprise.

Un cafard, un tartufe possédé du Démon, du fanatisme, entre dans l'affreuse ligue, devient un des plus dangereux Conspirateurs, & le scélérat masque sa perfidie du voile de la religion qu'il outrage. (3)

Versailles ne forme plus qu'un cloaque infecté de Catins, de Tribades & de Brigands. Ce n'est plus l'éclat, la magnificence d'une Cour aimable, c'est un antre où le crime veille

---

(1) Il en existoit encore quelques autres à la Cour ; mais combien en général ils y sont rares.

(2) M. Necker.

(3) Notre très-digne & respectable Archevêque, M. de Juigné, qui, malgré sa traître action, donne au Peuple des bénédictions de la même main qu'il eût voulu l'écraser.

& médite ſans ceſſe ſur les moyens de faire régner impérieuſement le deſpotiſme.

C'eſt à ces dégoûtantes ſang-ſues dont je n'ai pas dédaigné de me déclarer le complice, que j'ai promis ma faveur ; & le deſçendant du grand Condé prend, ſans rougir, le titre d'aſſaſſin du Peuple.

Je deſcends dans mon ame, je n'y trouve plus aucun ſentiment d'humanité. La perſpective du carnage & de la deſtruction, ne glace pas mes ſens, & ne révolte pas mes regards. Je me familiariſe avec l'idée du maſſacre, & je me promets d'avance d'être ſourd aux gémiſſements d'un Peuple expirant ſous nos traits deſtructeurs.

Je raſſemble avec ſoin ces foudres redoutables, qui lancent la mort, & ces globes de feu, employés par mon aïeul, pour maintenir la ſplendeur de l'état, & détruire ſes ennemis. Ils doivent bientôt ravir les biens & la liberté des François dont le ſeul crime eſt de nous avoir trop aimés.

La Providence vient au ſecours de ce Peuple, & nous voyons la barque ſurgir au port. Nous fuyons, & nous emportons avec nous la haine & l'exécration publiques. Les vœux les plus ardents ſe forment pour notre mort; échapperons-nous à l'anathême ?

Quelle étoit notre folie, notre ambition d'oſer fonder la cruauté ſur nos prérogatives, prérogatives funeſtes, dont l'abolition commencée ne peut que former la baſe fondamentale du bonheur public ?

A l'ombre de ces privileges, ou de ces prétendues prérogatives, quelles tyrannies n'avons-nous pas employées, & moi particuliérement ? Les Corvées, le droit de Chaſſe, l'extrait de la Féodalité, toutes ces différentes vexations ont été autant de moyens d'aſſouvir notre barbarie, & la Chaſſe ſeulement a procuré à mon antipathie plébéienne plus de dix mille victimes, dont les galeres fourmillent encore aujourd'hui.

Mes forfaits & la vindicte publique ne me permettront plus d'exiſter parmi vous. N'en recevez pas moins, bons & braves Citoyens que j'ai vexés impitoyablement, l'aveu ſincere de mon repentir. En vous perſécutant, j'ai outragé les droits de l'humanité, & me ſuis fait gloire de ſurpaſſer la majeure partie de la Nobleſſe, dont l'orgueil féroce ſe fait un jeu d'écraſer le Pauvre, pour ſoutenir un faſte ridicule.

Combien de fois, pour ſoutenir l'exiſtence d'un vieillard accablé par la miſere que je me plaiſois de propager dans mes domaines, le jeune Payſan n'a-t-il pas parcouru la campagne, & expoſé ſa liberté pour tuer, d'une main tremblante, une piece de gibier, & prolonger, de quelques heures, la vie de ſon malheureux pere ! Inſenſible aux larmes de toute une famille, aux derniers efforts de la vieilleſſe expirante, tombante à mes genoux, pour implorer la grace du coupable, je l'envoyois ignominieuſement aux galeres; je plongeois le poignard dans le cœur de ces infortunés ſuppliants : la Loi me ſecondoit, & voilà ce qu'on appelle les privileges de la Nobleſſe. O mon Alteſſe, mon Alteſſe, humiliez-vous, & convenez de bonne foi que, ſi la chaîne devoit être le partage de quelqu'un, vous y aviez infiniment plus de droits que les êtres languiſſants qui y ſont entraînés par la vengeance & la cruauté des Grands !

Celui qui n'a jamais fait de grace à perſonne, peut-il l'eſpérer, ſur-tout lorſque, venant de ſe prêter à une Conſpiration inouie, il vient de ſe faire des ennemis d'autant d'êtres qui reſpirent ?

O vous, nouveaux Césars, Artisans respectables, que le patriotisme a tiré de vos atteliers, pour voler à la défense de vos Compatriotes, votre courage mâle & héroïque m'étonne & me confond ! C'est vous qui êtes des vrais Guerriers ; & nous que le rang destinoit à remplir les fonctions de ce titre utile, nous ne sommes plus que des mirmidons que la terreur fait fuir comme une bande de lievres à l'aspect du Chasseur.

Toute souillée qu'est mon ame, elle m'inspire encore ; elle exhale le foible reste de vertu qui y étoit contenue, & je vous en adresse l'expression.

Vous vous parez de lauriers, & le reste d'une bande affreuse dont je me sépare, vous prépare ici des cyprès. Vous dansez peut-être sur votre tombe qui, couverte d'une légere surface, éloigne de vos yeux tout le danger où vous êtes encore exposés, ce n'est qu'une légere partie de notre Ligue qui s'est soustraite à votre vengeance ; mais nos Agents secrets existent autour de vous, & ses infames Auteurs les soudoient journellement, pour introduire parmi vous le trouble & la dissension, & c'est en vain que vous comptez sur la fidélité. Votre

Cocarde Nationale que vous regardez comme ſymbole du Citoyen, peut tout-à-coup prendre une couleur différente, & par une horrible métamorphoſe annoncer le ſignal de la conſommation du crime.

La vérité préſide à ces expreſſions que le remords m'arrache. Puiſſe cet événement affreux ne jamais ſe réaliſer ! Que le Soleil n'éclaire jamais cette abominable révolution ! C'eſt le vœu qu'une douleur extrême dicte à Louis-Joseph de Bourbon, Prince de Condé.

L'exemple m'encourage.

Eh ! pourquoi ne me confeſſerois-je pas comme un autre ? Cette idée me rit ; & puiſque la manie de s'accuſer devient de mode, je veux m'accuſer auſſi. J'y perdrai quelque peu de l'eſtime publique, mais elle m'ennuie, elle a rendu mon exiſtence monotone ; & puis dis-moi qui tu hantes, je te dirai qui tu es. Je n'ai jamais trop aimé mon mari, mais je ne puis légitimement abandonner ſa cauſe ; d'ailleurs elle eſt juſte : & je ne regarde le tort qu'on nous donne, que comme un ridicule mal entendu de la part des habitants de Paris.

Lorſque je dis que je m'accuſe, c'eſt abſolument une plaisanterie de ma part, à laquelle mon intention n'est pas qu'on croie. Je me vante au contraire, je m'applaudis; & la relation fidelle que je donne aux Parisiens, de quelques anecdotes secrettes de ma vie, est consacrée à son amusement : les pauvres diables en ont besoin. L'alarme a été chaude, & je conviens de bonne foi que ce n'est pas notre faute, s'ils ont eu plus de peur que de mal.

Lorsque le destin qui arrange tout, me fit naître d'un sang illustre, je crus alors acquérir le droit de me livrer impunément à tous mes goûts; mais que j'eus lieu d'être détrompée ! Gênée d'abord par les Gouvernantes, successivement par le *decorum*, je brûlois de jouir, & ne le pouvois pas; cependant je parvins à sauter à pieds joints sur la décence, & Dieu sçait comme j'en profitai : il ne m'en coûta que d'affecter de la réserve & de l'hypocrisie.

J'entendois parler tous les jours des charmants égarements de mon cher frere; ils me flattoient trop, pour ne pas me livrer à un exemple aussi séduisant. C'est quelque chose de bien précieux que la jouissance !

Mes prémices ne furent pas pour M. le Duc;

un Page les obtint. J'ai peine à résister à mon envie de le nommer; mais ce seroit le sacrifier à la fureur de mes proches qui se sont tout permis, & qui ne permettent rien aux aûtres, sur-tout aux femmes.

On me maria. Heureux état que celui du mariage, parmi nous autres de la haute espece, qui ne ressemblons en rien à cette canaille populaire, qui à hérité de ses peres la sotise de tenir à la Foi Conjugale.

Les premieres journées de mon hyménée, durent présager un sort bien fâcheux pour la tête de mon époux. Je ne veux de mal à personne, moins à lui qu'à tout autre; mais si cette tête que j'ai nombre de fois pris soin d'orner, tombe comme les autres sous les coups que la haine universelle nous prépare & auxquels il est presque impossible de nous dérober; mon seul vœu en la voyant séparée d'un tronc qui m'a presque toujours été inutile, est de la voir ornée du panache que j'y ai placé & qui doit à coup sûr donner à cette tête inanimée beaucoup plus de grace, que jamais la cocarde Parisienne n'en eût prêté à sa tête existante.

Que ces premieres journées me causerent

d'alarmes pour la ſuite ; car malgré la reſſource de mon Page ; il me reſtoit encore un peu de vergogne, & tromper mon mari me paroiſſoit un peu leſte ; mais à bon chat, bon rat, pourquoi me trompoit-il, pourquoi ne m'offra-t-il la premiere nuit de ces noces, après leſqu'elles je ſoupirois, qu'un fantôme de mari ? Le bonnet préſenta l'offrande ſur l'autel ; mais le ſacrifice n'eût pas lieu, malgré ſes ſecouſſes & le tremblement occaſionné par ſes efforts inutiles (1).

Je réſolus donc de cocufier mon cher époux & l'exécution ſuivit de près ; depuis un certain temps je ne paroiſſois pas à la Cour ſans qu'un Garde du Roi ne fixat toute mon attention. Beau, jeune, grand, épaules quarrées, bien porté ſur la hanche, en faut-il d'avantage pour exciter les deſirs d'une jeune Princeſſe, logée au temps perdu & qui ſoupire après le coït ? A ſon aſpect mes yeux

(1) Je puis certifier qu'en cela mon mari reſſemble à bien d'autres ; mais ſon impuiſſance me fût bien plus cruelle qu'à toutes les délaiſſées, parce qu'il étoit jaloux, il y eût un Alphonſe, Roi de Caſtille, qui fût atteint de cette moleſſe, un &c. &c. ; il ſemble que ce ſoit un malheur attaché aux têtes couronnés.

s'enflamoient

s'enflammoient & ce n'étoit pas à coup sûr le rouge de la pudeur qui paroit mon visage. Cent fois mes regards attachés sur les siens, cherchoient à lui faire comprendre les vœux que je formois pour le posséder entre mes bras, & cent fois je restai sans réponse.

Le bal de l'Opéra, ce rendez-vous si propice aux amants, où la vertu chancelante expira tant de fois, favorisa ma flamme & m'offrit mon Hercule moderne, que ma passion me fit reconnoître à travers son déguisement. Je m'approchai de son oreille & lui dis serez-vous toujours insensible aux tendres avances d'une Princesse qui vous adore, & ne soulagerez vous pas l'ardeur dont elle est embrasée; alors mon galant cessa d'être sourd & me répondit sur le ton d'un homme que j'avois eu tort de croire un novice, je suis tout près à démentir vos conjectures, suivez-moi. J'acceptai le parti proposé, nous nous esquivâmes & une voiture de louage, dans laquelle le gaillard prit des arrhes, nous conduisit rue des Petits Champs, chez la Beaupré, Courtisanne célebre, tenant ses assises au Palais Royal, & qu'on sçait être au poil comme à la plume.

Nous nous amuſâmes à préluder, les baiſers les plus ardents, les jeux de mains les plus vifs, les poſtures les plus laſcives, tout fût employé, nous fûmes inondés réciproquement de cette liqueur plus délicieuſe que le nectar ſervi à la table des Dieux. Je reçus ſept preuves bien complettes de la vigueur de mon amant à bandouliere, dont l'apparence n'étoit pas trompeuſe, & il me convainquit qu'à ce jeu, un Garde du Corps l'emporte ſur un Prince.

Nous nous retirâmes; mais admirez l'inconcevable bizarrerie des femmes. Au retour, la triſteſſe s'empara de moi, ce n'étoit pas le regret d'avoir proclamé un cocu, au contraire, j'en reſſentois une joie infinie, mais les objets de ma diſtraction & de ma rêverie étoient les yeux noirs de la Beaupré, ſes ſourcils arqués, ſes levres de roſes & ſon ſourire gracieux. Je ne pus réſiſter à cette impreſſion & je me rendis dès le lendemain chez cette beauté bannale où à l'aide de quelques louis, je ſatisfis mes deſirs & me rendis, dans cette ſeule ſéance, preſque auſſi ſçavante à ce jeu que la R[illegible] & la Ducheſſe de Polignac ſa charmante bonne.

Me voilà donc initiée dans tous les myfteres de Priape que je célébrai autant de fois que l'occafion s'en préfenta, que les meubles de mon appartement & les gazons de mes jardins me font chers, fophas, bergeres, canapées, vous fûtes les témoins muets de mon ardeur amoureufe, & vous fçavez avec qu'elle fureur lubrique je me vengeai de la froideur infultante de mon oifon d'époux.

Ce fût dans ce temps que le Comte d'Artois s'avifa de m'en compter & de vouloir me ranger au nombre des gredines qui formoient fa cour : je le refufai avec mépris, non pas à caufe de l'affociation infâme qu'il fe propofoit de faire ; mais par un motif de crainte. La mort du Prince Lamballe me faifoit trembler, & l'affurance où j'étois que ce crapulueux libertin en étoit une des principales caufes, me fit craindre, peut être avec raifon, qu'il ne voiturât dans mon fang ce poifon deftructeur appellé la V....., & j'aimai mieux me contenter de l'ufé de *Genlis*, & du voluptueux de *Conflans*, qui quoi que forts dérangés, ne me laiffoient pas envifager le même péril.

Ce poliffon de d'Artois fe vengea de ma

résistance en me souflettant publiquement. Ce fut la premiere fois que mon grand époux sortit de son sang froid ; mon frere le fit ressouvenir du nœud qui nous unissoit, & les deux plus insignes poltrons de la terre, se présenterent sur le champ de bataille.

On les sépara, tous deux l'avoient prévu. Ils s'embrasserent, redevinrent amis, & je n'en restai pas moins souflettée par un frelu-quet du sang royal. Une telle aventure étoit bien faite pour me livrer à la rage la plus forcenée! Je ne pouvois ouvertement satis-faire ma vengeance, je m'en dédommageai en secret par les outrages que j'accumulai sur la tête d'un lâche qui n'avoit pas sacrifié à mon ressentiment, le monstre qui m'avoit manqué.

On m'admit alors dans le sanctuaire des plaisirs secrets d'une grande Dame (1) que tout le Peuple déteste, non sans raison. (2)

---

(1) J'ose croire que personne ne s'y trompera. C'étoit dans celui de la voluptueuse Allemande, M... A... de F...

(2) *Note de l'Éditeur*. Ce même Peuple gémit de se voir forcé de mépriser souverainement une femme qui s'occupoit de sa destruction au sein de ses plaisirs. Adorer l'époux, détester l'épouse ; voilà les sentiments de la Nation.

Ce fût alors que je nageai dans une mer de délices, & que je fus forcée de rendre hommage au raffinement & aux connoiſſances approfondies de l'art avec lequel la grande Prêtreſſe de ce temple en dirigeoit les myſteres.

Vous vous croyez bien verſés dans cet art enchanteur, vous, ornements des B.... de la Capitale, le beſoin, la luxure vous en a ſait rechercher avec ſoin tous les ſecrets, vous mettez en uſage tous les moyens indiqués par le libertinage pour tirer d'un marbre l'eſſence de la vie; mais baiſſez pavillon devant nous. Venez à cette école y admirer les ſcenes voluptueuſes qui s'y paſſent, contempler nos reſſources, admirer nos jouiſſances preſques inconnus; & vous conviendrez que ſur cet article vous ne ſçavez rien, ou du moins très peu de choſes. (1)

Je vis préſider là mon ennemi capital, & la circonſtance forma notre réconciliation;

---

(1) Ce Comité d'abominations a long-temps cherché un écrivain de confiance pour donner au Public la connoiſſance de ces ſéances effroyables, ſous le titre de *nouveaux Tableaux de l'Arétin l'aîné, exécutés par une puiſſante Dame & ſes favoris.*

je ne fus plus si difficile, & je ne m'en repentis pas.

Nous ne paroissions occupés que de nos plaisirs, & cependant nous formions le plus horrible complot, pouvois-je refuser mon consentement à la destruction qui se méditoit, lorsque les trois principaux Auteurs de ce dessein avoient trouvé le moyen de m'étourdir sur ce chapitre, en me faisant éprouver les plaisirs les plus piquants.

Au fond, peu m'importe que nous ayons eu le dessous, la perte seule de mes jouissances m'excite au regret; mais je m'en console dans l'espérance d'en posséder bientôt de nouvelles.

Voilà tout ce que j'avois à vous dire, ce n'est ni le remord, ni la rage qui m'ont fait consentir à produire ce détail. Je n'ai fait que suivre l'exemple, & je me soucie peu de son effet. Mon unique but est de courir toute ma vie après le plaisir, puissai-je expirer dans ses bras. *LOUISE-MARIE-THÉRESE-BATILDE-D'ORLÉANS, Duchesse de Bourbon.*

Il ne reste plus que cette ressource.

Allons, Monsieur Duchemin, (1) c'est à

(1) Je ne sçais trop pourquoi on souffre ce coquin se promener tranquillement au Palais Royal & dans les au-

mon tour à ſauter le foſſé, vous-êtes Secrétaire de mes commandements, l'organe de mes volontés; mettez-vous là, & employez, par reconnoiſſance, l'art de donner une tournure avantageuſe à ce que je vais vous dicter. Vous le devez à tous égards. D'un homme de rien, mes bontés ont fait quelque choſe, (2) il eſt vrai que votre femme a fortement appuyé vos ſollicitations, & que c'eſt à ces mouvements agréables & à ſes complaiſances variées que vous devez votre fortune; mais vous ne l'avez pas moins faite à mon ſervice, ainſi donc, donnez-moi des preuves que vous y êtes ſenſible.

Il s'agit de gliſſer légérement ſur les cas

---

tres endroits publics, lorſque ſes Confreres ont été pendus dans les révolutions dernieres.

(2) Ce Duchemin, le plus grand des gredins que Paris recelle dans ſes murs, eſt le fils d'un Artiſan, depuis Clerc de Notaire, enſuite Avocat ſans cauſe & parvenu, par les moyens les plus bas & les plus infames, à la charge qu'il a occupé près de ce Prince qui ne vaut pas mieux que lui; il jouit de 12,000 livres de rente, & difame actuellement ſon maître dont il étoit mercure & confident intime.

graves, & de me blanchir le plus que vous pourrez aux yeux d'un Peuple qui agit un peu brusquement dans ses actes de vengeance; & qui, me tenant en sa puissance, ne feroit pas plus de distinction de l'illustre sang de Bourbon que de celui d'un faquin d'Intendant de Paris, & je vous avoue que je ne suis pas tenté de lui donner cette satisfaction.

Je vous prie de traiter, de bonté, les fruits de mon éducation qui ne sont en effet que de l'ignorance & de la bêtise, jusqu'à l'âge de quinze ans, je passai pour un vrai prodige de l'une & de l'autre, & ce ne fut que d'après les lectures obscenes qui m'ont été confiées par les jeunes Princes, plus au fait, que je commençai à secouer le joug de l'ignardises & les petitesses ordinaires de la puberté.

Mon mariage fut projetté, résolu, conclu presque dans le même instant, & je conviens, de bonne foi, que la jouissance d'une personne charmante, qu'on me donnoit pour vertueuse, me flattoit beaucoup moins que l'exploitation de certaines Grisettes dont mon complaisant beau-frere m'avoit procuré la connoissance.

Elle n'eut pas lieu de ſe louer beaucoup des premiers temps de l'hyménée : la chronique dit qu'elle m'a donné des ſubſtituts ; cela peut-être ; mais ſur cet article je ſuis comme notre chef (1) au deſſus du vulgaire, ce n'eſt qu'à la canaille à ſe montrer ſenſible à une ſemblable bagatelle, & à joindre à ce ridicule celui d'aimer ſa femme. Je n'ai jamais eu, graces au Ciel, ce défaut populaire, & je m'en glorifie. Paſſons.

La blanche Colombe me donna dans l'œil; ce goſier raviſſant du théatre Italien me dégourdit tout-à-fait. Ah ! Monſieur Duchemin, que cette fripponne eſt charmante ! Quels plaiſirs elle m'a fait éprouver ! Je n'y ſçaurois penſer ſans..... Mais continuons. Cette Syrêne artificieuſe adoroit ſon cher Dargens ; moi qui ſuis complaiſant, je lui laiſſai; il fut l'agréable, & moi l'utile.

Il eſt, comme vous ſçavez, paſſablement frippon, ce Dargens. Tenez, Monſieur Duchemin, je ne ſçais auquel de vous deux je donnerois la préférence : il fit de faux billets

---

(1) Eſt-ce le chef du Peuple, ou du parti des Ariſtocrates dont ce Prince veut parler ?

de loterie : la Juſtice s'en empara : l'amante déſolée vint implorer mon appui; & à ma demande, le Parlement donna la grace ſans difficulté, & fit pendre deux jours après un malheureux domeſtique *ſoupçoné* d'avoir volé ſon Maître. Moi, dans le même moment, je condamnois froidement un miſérable Braconnier qui avoit battu un de mes Gardes de Chaſſe, plus coquin que lui, à la même cérémonie. Si vous croyez que ces miſeres puiſſent me faire tort dans l'eſprit public, brodez, Duchemin, brodez.

Je me conſolai dans les bras de la Dugazon, des infidélités de Colombe, & j'eus la baſſeſſe d'attendre une demie heure dans l'anti-chambre de Contat, que mon couſin d'Artois eût reçu une proviſion de ſes faveurs pour avoir mon tour : n'eſt-il pas juſte qu'un clou chaſſe l'autre, & que le premier venu en-graine? C'eût été un ruſtre, que cela auroit peut-être été la même choſe.

Je me dégoûtai des Actrices qui traitent ordinairement ſans reſpect les Princes qui couchent avec elles, & je portai mon encens dans la maiſon de Penthievre où je fus rebuté. La farouche vertu de la Princeſſe

Lamballe m'effraya. J'étois brouillé avec d'Artois qui, comme de raiſon, s'étoit offenſé des refus de ma pigrieche épouſe, & lui avoit donné une petite leçon de complaiſance dont il fallut que je me formaliſaſſe pour la forme.

Le beau-frere avoit changé de vie & arboré la réforme : ſa ſcrupuleuſe épouſe l'avoit rangé ; & triſtement iſolé depuis ſon retour d'Oueſſant ; il ne s'amuſoit plus qu'à bâtir. La belle occupation pour un Prince du Sang royal ! il eſt vrai que ce paſſe-temps que le Pariſien traitoit d'avarice, s'eſt converti en bienfaiſance. Qu'eſt-ce que cela me fait à moi, j'ai toujours mépriſé de pareils exemples.

Je ne ſçavois plus que faire ; je m'amuſai à ſéduire les femmes des gens qui m'étoient attachés, juſqu'à la Valetaille ; vous m'offrîtes la vôtre ; & vous devez vous rappeller avec quelle complaiſance je reçus cette offre, & le profit que j'en retirai. Mais conſolez-vous, vous n'en êtes point cauſe.

Comment filer le temps avec des créatures infiniment plus bête que moi qui ne le ſuis pas mal ? Cela n'eſt pas aiſé ; auſſi l'ennui ne tarda-t-il pas à me ronger ; & j'y aurois ſuccombé, ſi la fantaiſie de me mêler des affaires publiques ; ne m'eût procuré quelqu'occupation. Je crois, Monſieur Duchemin, que je me ſuis bien montré dans cette circonſtance, & que je déclamai hautement contre le Parlement que juſqu'alors nous avions regardé comme un Corps de paille, & qui ſe montra rétif ; nous ignorions que dans ce Corps étoit logée une ame de fer : il vient de nous en donner une preuve bien convaincante, en adoptant toutes les idées de la cabale, en s'en déclarant le partiſan, & en ſe rangeant au nombre de ſes Membres obſcurs.

C'étoit parbleu une entrepriſe bien conçue que celle de cette Cabale ; auſſi en ai-je aveuglément ſigné le plan. C'eſt bien dommage que le Diable s'en ſoit mêlé & ait fait évanouir des projets auſſi admirables, dont la chûte nous a forcés à déſerter comme une troupe de Brigands, & à abandonner à nos Maîtres actuels, une partie de nos biens qui, ne ſuffiſant pas à les calmer, les excitent à rechercher le reſte, & à nous preſcrire des loix à coups de canon.

Mais en bonne conſcience, Monſieur Duchemin, il y a de la démence à cet acte courageux, qu'ils appellent dévouement patriotique ; eſt-ce que de fait les poſſeſſions du Peuple ne doivent pas appartenir aux Princes ? Je n'en ſuis pas bien ſûr : éclairciſſez-moi ; car j'y vas tout bonnement.

Quoi qu'il en ſoit, nous voilà gîtés au haſard, ſans trop ſçavoir ce que cela deviendra.

On dit que Breteuil s'eſt réfugié à la Trape : j'ai quelqu'envie d'en faire autant nous nous amuſerons à y faire des ſpéculations ; & après avoir vécu en vrai tyrans de l'Etat, en ennemis de nos ſemblables, nous finirons peut-être à y mourir comme des Saints, ſans en être dignes. Cela feroit beau.

A votre avis, voilà une excellente idée qui m'eſt venue là. Je vous charge de la publier comme très-certaine, & par une pompeuſe diſſertation ſur ma vertu renaiſſante ; tâchez d'abuſer le Peuple, rien de ſi facile.

A cet effet, revolez à Paris ; mais ſur-tout défiez-vous du Réverbere : ne parlez pas de moi ; je ne répondrois pas de vous ; & ſi jamais la ſequelle revient ſur l'eau, comptez ſur les ſentiments de LOUIS-HENRI-JOSEPH, DUC DE BOURBON.

Tranquille dans le crime, & fauſſe avec douceur.

Si j'avois trouvé une épigraphe plus forte,

pour établir mon caractere, je m'en serois servi, & j'aurois borné là la confession de mes déréglements; à défaut de cela, j'emploie les détails; &, si ma grande sincérité révolte, j'invite mes lecteurs à croire que je ferai les plus grands efforts pour changer de vie, quoique je sente bien que chacun, ainsi que moi, désespérera de les voir couronner par le succès.

Le libertinage le plus affreux dirigea les premiers pas que je fis dans le monde; à peine avois-je atteint vingt années, qu'une infame corruption de mœurs fixa sur moi les yeux du Peuple, & m'attira la réputation dont j'ai toujours joui.

Si la peinture fidele de la dissolution à laquelle je me livrai, n'allarmoit pas trop la décence & la pudeur, avec quel plaisir j'entrerois dans le détail de la moindre circonstance; mais comment, sans rougir, produire des scènes plus horribles & plus dégoûtantes que celles de la vie de l'illustre D. B., Portier des Chartreux.

J'essayai d'abord à mettre de mon côté le Public, par des apparences favorables; j'étois déjà parvenue à détruire les impressions qu'il avoit prifes contre moi, lorfque cette gênante diffimulation me fatigua. Je levai totalement le mafque, & ne lui montrai plus dans moi qu'un monftre capable de tout, & fouillé par les plus abominables excès.

On parle des orgies fcandaleufes de la R.... & de fa favorite; on les cite comme le *nec plus ultrà* de la débauche. Fadaifes, pures pécadilles, en comparaifon de mes hauts faits. Que n'ai-je joui du précieux avantage d'être réunie à ce couple infernal, pour lui dévoiler tous mes fecrets, & le convaincre que la force de mon tempéramment l'emporte fur les leurs, & qu'à cet égard je fuis Ribaude & demie!

Le mariage n'étoit pas un lien fuffifant pour m'arrêter, & mon cher Marquis peut fe flatter d'être orné de ma façon, & que l'Auteur du mémorable Catalogue des Cocus, ne l'a pas mis impunément fur fa Lifte.

Chacun fe décore à fa maniere; & le panache glorieux que porte mon époux, me flattoit plus fur fa tête, que la Couronne Civique.

Cette alliance étoit on ne peut mieux affortie; & je ne me difpenfe des renfeignements que je pourrois donner fur fon compte, que d'autant qu'ils ſont connus de tout le monde ; & que la maiſon de Fleury a toujours été l'objet de l'exécration publique (1).

N'être qu'une libertine ordinaire, fi donc! Une femme de qualité jouer communément le rôle d'une griſette! Ce n'étoit pas-là où réſidoit mon ambition ; il falloit quelque choſe de plus pour cimenter ma gloire, & je l'ai toujours fait conſiſter à ſurpaſſer nos modernes Meſſallines.

Si cette luxurieuſe Romaine revenoit ſur terre ; je voudrois faire aſſaut de lubricité avec elle, je défierois ſa vigueur d'égaler la mienne. Je la forcerois à me rendre les armes, & j'épuiſerois à coup ſûr les forces d'un bataillon. Je ſçus forcer la volupté juſque dans ſes derniers retranchements, les Athletes les plus vigoureux ſortoient d'entre mes bras incapables de goûter de long-temps les plaiſirs

(1) Tout Paris fut témoin des horreurs du ſieur de Joly-de-Fleury, dans le temps du Parlement Meaupou ; ce vil gredin s'étoit vendu à cet indigne Chancelier ; Meaupou, Terray & Fleury dévaſterent la France de nos jours ; la R ...., Polignac & d'Artois l'ont mis à deux doigts de ſa perte. Ces deux Triumvirats ſont nés pour porter l'horreur & le déſeſpoir ſur leurs pas. Puiſſe la trace de ces fléaux publics être perdue à jamais !

de l'amour, & la partie qu'ils employoient à assouvir la brutalité de mes feux dévorants pouvoit être déposée sur les Autels de Priape comme le Trophé le plus convaincant de leur défaite & de mon triomphe.

Je parvins bientôt à faire craindre de s'y exposer, & l'appas des plaisirs ne pouvoit l'emporter sur l'appréhension de se retirer de mes bras, énervés; le besoin, les desirs me consummoient, & j'employai la majeure partie de mon temps à me procurer, dans les deux sexes, des objets capables de me satisfaire.

Mes regards languissants erroient çà & là pour rencontrer de nouveaux admirateurs de mes charmes, lorsqu'ils se fixerent au Palais Royal, N° 33, une Nimphe de ce paradis de Mahomet, fit naître en mon sein toute l'ardeur de la concupiscence & de la paillardise, je ne pus me contraindre & je fis à la belle Trial, l'aveu du sentiment qu'elle m'inspiroit.

Je l'attirai chez moi & pour la premiere fois de ma vie, je vis une Prêtresse de la volupté parler le langage de la vertu & se refuser à mes empressements. Promesses, présents, j'employai tout inutilement, & je n'eus d'autre reſſource que celle de l'index pour ſuppléer à ce refus humiliant.

Parut alors la chronique arétine, je commençai à trembler ſur la publication de mes galantes proueſſes, & je fis propoſer vingt-cinq louis à ſon aimable Auteur pour garder le tacet. Admirez la fermeté de cet ingénieux Ecrivain : qui moi, répondit-il, à mon entreméteur, je vendrois mon ſilence à cette infame créature. Je préférerois l'argent au doux plaiſir de dévoiler ſon odieuſe conduite ? Retournés à celle qui vous envoie & aſſurés la, que bien loin de remplir ſes vues, elle ſera la premiere P..... que je déſignerai dans la ſeconde partie que je me propoſe de mettre au jour.

Me f..... de ſa réſolution, fût le ſeul parti qui me reſtoit à prendre. C'eſt ce que je fis, & je me remis ſur nouveaux frais à tailler de la beſogne à cet impertinent Nouveliſte.

La plus grande partie de mes amants s'uniſſoit à la cabale, je voulus en être & j'ajoutai cette action criminelle à mes autres forfaits.

Proſcrite, de même que ces exécrables Miniſtres de la vengeance, je m'attends au même ſort. Mon ſeul regret en mourant ſera de n'en exciter aucuns, & mon dernier ſoupir pourra ſeul faire exhaler avec mon ame toute la rage qui me poſſede. La Marquiſe DE FLEURY.

TALIS PATER, TALIS FILIUS.

Je fais donc nombre des cruels ariſtocrates ſans y avoir autrement conſenti que par une lâche ſignature ; & pour plaire au déteſtable Auteur de mes jours, j'ai ſouſcrit à la deſtruction d'un Peuple qui avoit conçu de moi les plus favorables eſpérances.

Quel repentir n'ai-je pas de ma baſſe complaiſance! ô François ! daignez-en recevoir la ſincere expreſſion & le déſaveu que j'en fais! Non, ce ne ſont point les tourments qui m'effraient, la honte ſeule m'accable, & le remords déchirant aſſiége mon cœur.

Mais, que dis-je, & ſuis-je donc en effet ſi criminel ? Non, peuple, je m'égare ſur la nature de mes ſentiments, & je prends le déſeſpoir & la fureur pour le repentir. En ſignant cette fatale proſcription, je me ſentis animé des mêmes impreſſions qui nous dominoient tous, & je ne vous regardois plus que comme des victimes assurées du despotisme & de la barbarie.

Loin que votre destinée ait excité en moi la moindre compassion, votre ruine me paroissoit d'avance un spectacle enchanteur, j'en savourois tous les délices, & les funestes cris de la mort retentissant à mes oreilles eurent été pour moi la source d'un nouveau plaisir.

Le corps d'un ennemi mort, sent toujours bon, disoit François premier; l'ame de ce Roi barbare à passé dans la mienne, & la vue de vos cadavres palpitants m'auroit enchanté; je me serois plu à rechercher dans vos entrailles un reste de vie pour pouvoir insulter à vos souffrances.

Vous frémirez d'indignation à cet aveu; mais dût-elle s'accroître encore, je ne changerai jamais de sentiment, & formerai loin de vous, à l'abri de votre vengenace, les vœux les plus ardents pour votre perte.

Je vois d'ici couler vos larmes, & vous interroger les uns les autres, sur les motifs d'une telle barbarie; vous avez peine à en concevoir l'étendue, les voici :

Vous arborés l'étendart de la liberté, & vous prétendez vous soustraire à notre pouvoir, avez-vous pû croire que nous verrions impunément un Peuple libre, & le ſacrifice de nos droits annéantis par une ligue roturiere ?

Pour empêcher ce triomphe populaire & écraſer nos ennemis, nous entourons le trône d'êtres dévoués à toutes nos volontés.

Déjà nous voyons arriver le jour qui doit éclairer ces ſcenes horribles ; les bourreaux ſont aux portes de la Ville ; ils ne veulent que du ſang, & Lambeſc leur en promet, & les excite à le répandre ſans pitié.

Inquiet avec raiſon de l'approche redoutable des troupes étrangeres qui viennent à grand pas inveſtir la Ville, l'Aſſemblée Nationale ſe trouble & ſollicite auprès du Roi leur éloignement.

Louis, trompé par les Miniſtres placés par nous & dont l'ame eſt infectée du noir poiſon de la jalouſie, refuſe hautement, & cette perfide Aſſemblée touche à l'inſtant de ſa deſtruction. Ses Membres principaux doivent être les premiers immolés à notre fureur, & ma main ferme encore, ſe prépare à ſeconder les aſſaſſins qui les doivent égorger.

Lally, Mirabeau, Liancourt, Bailli, il eſt

inconcevable que vous existiez encore d'après la prudence de nos précautions ; vous contemplez avec satisfaction ce coin funeste à nos chers Partisants, & nous ne sommes pas vengez. Le Peuple met nos têtes à prix, nos noms sont voués à l'opprobre, & l'indignation nait à notre approche dans les lieux où nous allons refugier notre existence.

Comment pourrois-je me repentir d'avoir suivi le torrent illustre de l'aristocratie? Avec le lait, j'en ai succé tous les principes, & le poison de la Barbarie circule dans mes veines avec le sang.

A qui les dois je, ces affreux principes? à mon Pere, sur les traces duquel je marche dignement, qui corrompit mon cœur, égara ma raison & me rendit semblable à lui. Aux Instituteurs de mes premieres années qui m'ont accoutumé à regarder le peuple comme de vils esclaves sur lesquels nous avions les plus grands droits, & aux Prêtres qui ne pouvoient, sans nous, exercer leur tirannique domination.

Avec quelle soumission j'écoutai les exhortations fanatiques de ces derniers. Avec quel art ils ont fait passer dans mon cœur leurs maximes empoisonnés. Les Jacques Clément, les Ravaillac, les Damiens & tant d'autres étoient ſelon eux les plus célébres du Martirologe, & la palme ſacrée appartenoit de droit à leurs imitateurs.

Ce langage inique fructifia dans mon ſein ; ces affreux axiomes, ont déterminé mon ame incertaine, le menſonge, l'intrigue & la fourberie ont été l'ame de notre politique, & nous oſons tout attendre. Oui, nous oſons eſpérer que quelque révolution nous replacera au rang que nous perdons, que nous verrons les François humiliés embraſſer nos genoux pour demander une vie que nous ne leur accorderons qu'aux conditions les plus dures. Mais en attendant cette heureuſe circonſtance, les vœux que nous formons puiſſent-ils être exaucés ! Nous recueillerons alors les fruits de notre vengeance. Quelle douce ſatisfaction pour nos cœurs ! Il n'en eſt pas de plus pures. La ſoif du ſang nous dévore, quand viendra le jour heureux où nous pourrons l'étancher ! tel eſt le deſir, de

N.... DUC D'ENGHUIEN.

AU DERNIER LES BONS.

Quelle affreuſe relation, dit à ſon tour, M. de

Juigné, notre reſpectable Archevêque de Paris, en ſe ſignant dévotement. Quel peut être le ſcélérat aſſez irréligieux pour oſer attaquer mes mœurs, ma droiture, mon caractere & ma Religion ? Moi qui en ai donné tant de preuves & qui me ſuis attiré les hommages du Peuple.

Il eſt vrai que ſi le fanatiſme a gravé mon portrait, & que l'Artiſte ingénieux ſe ſoit plû à l'orner des emblêmes évangéliques, que ſi la multitude s'eſt ſouvent proſternée devant cette effigie, l'engouement a ceſſé ; je ne domine plus que les eſprits foibles, & la même main qui mania le burin pour tranſmettre aux ſots les traits révérés de leur Archevêque, s'eſt ſans doute armée d'immondices pour ſeconder le Peuple dans les derniers honneurs que j'en reçus à Verſailles.

Qu'avois-je donc fait pour mériter cette avanie ? J'affermiſſois la Religion chancelante, & je rétabliſſois le culte ; il eſt vrai que je privois la France de ſon Sully, de ſon plus ferme appui, je ſervois de la ſorte un parti alors puiſſant qui vouloit placer au miniſtere une de leur affidées créatures, & tout cela pour un changement de coeffure : car par ce

moyen

moyen je troquais ma toque violette contre un chapeau rouge. Le Nonce du Saint Pere m'en avoit donné sa parole, & je le crus bonnement, quoiqu'il soit l'Apôtre déclaré de la politique & de la fourberie.

Il faut convenir que j'étois un grand sot de me livrer à cette illusion. On m'accuse d'ineptie, & l'expérience ma convaincu que ce n'étoit pas sans raison. Quelle sottise en effet de ne pas m'appercevoir que je n'étois la qu'un foible instrument employé par les ennemis de l'Etat, qui se seroient partagés les fruits de ma basse intrigue tout en riant de ma sotte crédulité.

On m'accuse d'hypocrisie, je conviens qu'il en est quelque chose; mais n'est-elle pas aussi nécessaire à la dignité du Sacerdoce que la politique auprès des Rois. Mais pour Tartuffe, ah! Quelle horreur! il est vrai que les yeux baissés, poussant de longs sanglots par intervalle, j'en saisis à peu-près le langage pour plonger dans l'erreur le Monarque le plus confiant, & abuser saintement sa Religion en le trompant odieusement.

Combien je vous regrette mes vingt mille livres, en me desaisissant de vous, je sacrifiois à la néceffité. J'en ai verfé les larmes les plus ameres, & j'aimai beaucoup mieux me priver de cette fomme que de m'expofer à devenir un nouveau Saint-Etienne, fans poffé-der, comme ce Diacre, la palme bienheureufe du Martyr.

Efpérance trompeufe ! vous avez cruelle-ment féduit mon cœur. Je m'attendois à de-venir fous peu, un Cardinal honoré, & la feule différence qui exifte dans mon fort, eft que je ne fuis que de Juigné Honni, baffoué & bro-cardé des gens de bien.

O mon Châlons que je fuis au défefpoir de t'avoir abandonné pour un vain point de gloi-re. Dans tes murs, je difputois à Dieu même une partie de fa Puiffance & de fa Divinité, tout fléchiffoit le genouil devant moi. Actuel-lement relégué dans l'Archevêché, ou per-fonnage inutile à l'Affemblée des Etats, à mon paffage, les regards de l'ironie s'attachent fur moi ; je ne donne plus çà & là que quelques bénédictions dont la plupart eft reçue avec le ris méprifant d'une vile populace qui fçait à quoi s'en tenir fur leur effence & leur validté.

Allons, tout vu, tout confidéré, le Peuple n'a pas tant de tort. Ses jugements font avoués de l'être suprême. Il faut m'y rendre, & je me résigne. Oui, jusqu'alors je fus un cafard, un tartuffe, un hypocrite, un faux dévôt. Plus de tout cela, soyons humain, charitable, compatissant ; montrons aux hommes un exemple vivant de l'humilité des premiers Evêques, & rendons-nous digne de sa confiance en ne leur laissant plus voir qu'un homme remplissant dignement les fonctions de son caractere.

DE JUIGNÉ, Archevêque de Paris.

FIN.

N. B. L'Editeur de ces Confessions recommande au Public la même précaution à l'égard de ces aveux, que pour la Confession du Comte d'Artois. Les faits seuls sont véritables & ont été receuillis avec la plus scrupuleuse attention ; il n'y entre point de partialité, & la vérité seule en a dicté toutes les phrases.

Cet Ouvrage peut servir de pendant à la Réception du Comte d'Artois, chez l'Electeur de Cologne, contenant 40 pages d'impression.

www.ingramcontent.com/pod-product-compliance
Ingram Content Group UK Ltd.
Pitfield, Milton Keynes, MK11 3LW, UK
UKHW021818190726
13853UKWH00003B/1050